독일 지리학자가 담은

한국의 도시화와 풍경

지오포토100 ❹

사진으로 전하는 100가지 지리 이야기

독일 지리학자가 담은
한국의 도시화와 풍경

에카르트 데게 지음

김상빈 옮김

푸른길

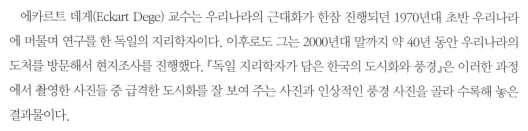

데게 교수와 한국

에카르트 데게(Eckart Dege) 교수는 우리나라의 근대화가 한참 진행되던 1970년대 초반 우리나라에 머물며 연구를 한 독일의 지리학자이다. 이후로도 그는 2000년대 말까지 약 40년 동안 우리나라의 도처를 방문해서 현지조사를 진행했다.『독일 지리학자가 담은 한국의 도시화와 풍경』은 이러한 과정에서 촬영한 사진들 중 급격한 도시화를 잘 보여 주는 사진과 인상적인 풍경 사진을 골라 수록해 놓은 결과물이다.

에카르트 데게 교수는 지리학 분야에 종사하는 사람들에게는 익숙하지만 일반인들에게는 다소 생소한 인물이다. 국토연구원 발행 월간『국토』2010년 5월호(통권 343호)에 실린 e-interview에 따르면, 데게 교수는 본(Bonn)대학 재학 중 한국인 동료 고 김도정 교수(서울대)와 친분이 있었고, 그를 통해서 한국 문화에 관심을 갖게 되었다. 이를 계기로 데게 교수는 한국에 대한 연구를 하기로 결심하고 교수 자격 논문(Habilitation)을 위해서 독일연구협회(DFG)의 지원을 받아 한국에 왔다. 그는 한국에서 김도정 교수와 재회하고 연구를 도와줄 조수를 소개받았으며, 경희대학교 측의 배려로 방문교수로 활동하면서 연구를 하게 되었다.

데게 교수의 초기 한국 연구의 주제는 산업화의 영향으로 인한 농촌 인구의 사회경제적 조건 변화와 이로 인해 발생한 농촌 경관의 변화였다. 이 주제는 농업지리학의 사회경제적 접근으로서, 이미 그는 독일의 산업화로 인한 라인강 유역의 포도재배 농촌 마을 두 곳의 토지이용 변화를 다룬 박사학위 논문에서 밝힌 바 있다.

데게 교수는 현지조사 시 조수들에게 많은 도움을 받았는데 이러한 인연으로 인해 조수로 활동했던 분들[류우익(서울대 명예교수), 고 김종규(경희대 교수)]이 독일에서 유학할 때 적극적으로 돕기도 하였다. 그는 2년간 방문교수로 체류하면서 한국 지리학계와 깊은 인연을 맺었고 대한지리학회 종신회원이 되었으며, 나중에 독일 킬(Kiel) 외곽에 위치한 데게 교수의 자택은 한국인 학자들의 거점이 되었다. 이러한 인적 네트워크 덕분에 그는 거의 매년 한국을 방문하여 빠르게 변화하는 한국의 모습을 몸소 체감할 수 있었으며, 결과적으로 농업지리에서 시작한 연구분야는 산업지리, 인구지리, 도시지리로까지 확대되었다.

데게 교수는 최근까지도 지속적으로 남한을 방문했을 뿐만 아니라 북한에도 여러 차례 방문한 바 있다. 독일의 위대한 지리학자 헤르만 라우텐자흐(Hermann Lautensach)는 1933년 우리나라에 들어와서 8개월간 4차례에 걸쳐 전국을 답사하고 방대한 문헌을 활용하여 『코레아(Korea)』라는 저작을 남겼는데, 독일 학계에서는 에카르트 데게 교수를 라우텐자흐 이후 최고의 한국전문가로 꼽고 있다.

『독일 지리학자가 담은 한국의 도시화와 풍경』에 소개된 사진들은 농어촌 공간의 변화, 도시 공간의 변화 −서울, 도시 공간의 변화 −지방, 도시화, 농어업의 변화, 상공업의 변화, 교통의 변화, 문화, 자연환경 등의 주제로 구분하여 배치하였다. 역자가 처음 출판사로부터 번역 요청을 받았을 때 원고에는 더 많은 사진들이 있었지만, 편집 과정에서 100개의 꼭지로 한정하다 보니 아쉽게 수록되지 못한 것들도 있었다.

이 책을 번역하면서 우리나라가 빠르게 발전하는 동안 부지불식간에 사라지고 없는 것들이 참 많다는 것을 느꼈다. 도시도 그렇지만 농촌도 빠르게 변하는 모습이 두드러지게 보였고, 불과 몇 년 사이에 특히 대도시 주변 농촌의 변화 양상은 인상적이었다. 그리고 우리에게 익숙한 경관이 외국인의 시각으로 보았을 때는 매우 특이하게 인식되는 것을 느낄 수 있었다.

역자는 개인적으로 데게 교수를 두 번 뵌 적이 있다. 물론 은사이신 류우익 교수님을 통해 그의 존재를 알고 있었지만, 처음 뵌 것은 1999년 독일 함부르크 지리학대회에서였다. 2000년 서울에서 개최 예정이던 세계지리학연합(International Geographical Union)의 홍보차 유럽 출장 중이신 서울대회 조직위원장 류우익 교수님과 함께 식사를 했다. 두 번째는 2000년 8월 제29차 세계지리학연합 서울총회에서였다. 부대행사로 각국의 지리학 분야를 소개하는 부스가 운영되었는데 당시 독일에서 박사과정 중이었던 역자는 지도교수 고 알로이스 마이어(Alois Mayr) 교수의 제의로 독일 부스를 담당하였다. 여기서 데게 교수님과 몇 차례 만났었다.

이 책은 오래전 데게 교수님과 김종규 교수님이 출판을 약속한 상태에서 작업을 진행하다가 갑작스러운 김종규 교수님의 별세로 중단되었었다. 그러다가 몇 년이 지난 후 출판사에서 귀중한 자료들이 사장되는 것을 너무 안타깝게 여기고 수소문을 한 끝에 이미 은퇴하신 데게 교수님과 연락이 닿아 작업을 다시 진행할 수 있었다고 한다. 이 책이 출간되기까지 출판사의 헌신적인 노력이 있었고 그러한 노력 덕분에 이렇게 출간될 수 있어서 역자로서는 대단히 기쁘다.

2018년 11월
김상빈

1970년대 현지조사를 추억하며

그 사람 코가 어떤지 한번 봐!
강원도 평창군 방림면 방림리, 1971-08-18

나는 현지조사를 하는 동안 마을의 아이들과 즐거운 추억을 쌓았다. 대부분의 경우에 나는 그 아이들이 본 최초의 서양인이었다. 그들은 모두 내가 '미국사람' – 그렇지 않다면 어떻게 저렇게 높은 코와 둥근 눈을 가질 수 없다 – 이라고 확신했다. 그들에게 나는 영어를 실습할 수 있는 – 보통은 '헬로'라는 단어에 국한되긴 했지만 – 참을성 있는 대상이었다. 토지 이용에 대한 지도화 작업을 하는 동안 아이들 무리는 '안전한' 거리에서 나를 따라 다녔다. 때때로 친구들에게 떠밀린 특별히 용감한 소년이 앞으로 튀어나와 내 팔의 피부를 만지곤 했다. 내 피부는 창백해 보였으며 그 위에 털도 있었다.

통역을 해 주는 학생들이 나의 연구 프로젝트를 위해 농가에서 인터뷰를 진행했다. 이들 중에 류우익은 나중에 나의 모교에서 박사학위를 취득하고 한국에 돌아와 서울대학교 지리학과 교수가 되었으며, 수년간 세계지리학연합(IGU)의 사무총장으로 봉사하였고, 지역개발 정책에 관하여 한국 대통령들의 자문에 응했다. 그는 이명박 정부에서 핵심 참모, 주중 대사 그리고 통일부장관으로서 봉직하였다.

내 연구 프로젝트를 위해 농부들과 인터뷰하는 학생
충청남도 금산군 금성면 하류리 문미마을, 1975-04-08

카메라로 지적도를 촬영하는 모습
경기도 김포군 오정면 원종리 수역이마을, 1971-10-28

토지 이용의 지도화를 위한 기초로서 연구
마을의 지적도 복사본이 필요했다. 농촌에
서 아직 복사기를 이용할 수 없었기에 투
명종이 위에 대고 지적도를 일일이 손으로
복사하거나 사진을 찍어야 했다.

제자 김종규가 점심을 준비하는 모습
전라남도 진도군 임회면 상남리와 죽림리 사잇길, 1975-04-29

김종규는 나중에 독일의 내 모교에서 박사학위를
취득하였고, 한국으로 돌아와 경희대학교 지리학과
교수가 되었다. 지금은 고인이 되었지만 이 책 출간
의 시발점이 되었던 그에게 감사한다.

우리의 메뉴 미군 C 레이션(전투식량)
1976-07-20

현지조사 시 우리는 보통 점심으로 미군 C 레이션을 먹었다. 따라서 점심 메뉴는
서울 암시장에서의 공급 상황에 따라 결정되었다. 저녁은 일반적으로 방을 제공
해 주는 농가에서 함께 먹었다. 우리는 고기나 케이크 같은 특별한 선물을 가져가
고마움을 표시했다.

>>>> 차례

농어촌 공간의 변화 〉〉〉

001 김 양식

전라남도 진도군 의신면 금갑리, 1976-02-15

김 생산은 남해안의 얕은 만에 거주하는 반농반어 주민들에게 전형적인 겨울철 일거리였다. 김은 대나무 장대들 사이에 해수면과 수평으로 매달아 놓은 대나무 격자 혹은 그물에서 자라며, 자라는 동안 최적의 수온이 유지되어야 한다. 김 생산의 과정에는 종종 많은 일손이 필요한 경우가 있다. 김이 적당한 길이로 자라면 그물에서 떼어 내어 씻은 다음 잘게 간다. 그리고 그것을 작고 네모난 모양의 대나무 발장에 펼쳐서 말리는데 완전히 건조되면 떼어 내게 된다. 1970년대에는 이 발장을 노지에서 짚으로 만든 큰 벽에 나란히 고정시켜 건조하였다.

전라남도 진도군 의신면 금갑리, 1976-02-15

002 가마니 짜기와 팔기

충청남도 서천군 기산면 화산리, 1975-01-16

1970년대에 가마니 짜기는 농한기 농부들의 중요한 부업이었다. 당시 시골 장에서 가마니의 가격은 장당 180원으로 농가 살림에 큰 보탬이 되었다.

충청남도 서천군 기산면 두북리 구수굴마을, 1975-03-24

003 대관령 어귀의 횡계리

강원도 평창군 도암면(현 대관령면) 횡계리, 1974-12-18

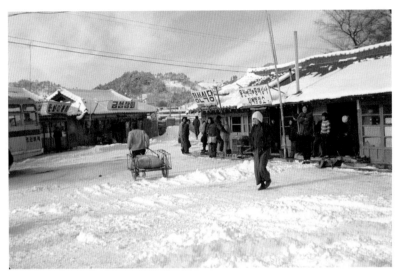

강원도 평창군 도암면(현 대관령면) 횡계리 버스 정류장 앞, 1974-12-18

1970년대, 태백산맥을 가로지르는 가장 중요한 고개인 대관령의 바로 앞에 있는 마을 횡계리는 한적한 시골 마을이었다. 지금은 한국 겨울 유원지의 관문으로 변화한 소읍이 되어 있다.

004 빠르게 변화하는 농촌

전라남도 광산군 비아면 신창리 반촌마을(현 광주광역시 광산구 비아동), 1971-08-28

현재의 광주광역시 북서쪽에 있던 반촌은 1971년까지만 해도 조선시대 이래 변화가 거의 없던 농촌 마을이었다. 영산강 일대 평야의 끝자락에 자리한 이 집촌에서 주민들은 대부분 초가지붕 아래에서 생활을 했다. 그들은 마을 앞 평야와 마을 뒤편 구릉지의 밭에서 농사를 지었다. 논은 수 세기에 걸쳐 작은 고도 차이에 끊임없이 적응하여 개발된 불규칙한 방식 그대로 배열되어 있었고, 그 논들 중 다수는 반달 모양이었다.

전라남도 광산군 비아면 신창리 반촌마을(현 광주광역시 광산구 비아동), 1975-05-01

1970년대 초반은 한국에서 농촌이 빠르게 변화하던 시기였다. 불과 4년 만에 반촌마을의 초가지붕이 석면슬레이트 혹은 기와로 덮인, 이른바 '새마을 지붕'으로 교체되었다. 동시에 논들도 기계 작업이 가능하게 규칙적이고 네모반듯한 형태로 정리되었다. 이러한 경지 정리는 논에서 겨울 보리 재배와 이모작이 가능한 새로운 관개 시스템을 구축시켰다. 그리고 이 기간에 또 하나의 근대화의 상징인 호남고속도로가 반촌마을 옆을 지나 건설되었다.

005 부유한 인삼 재배 특화 마을

충청남도 금산군 금성면 하류리 문미마을, 1971-09-25

충청남도 금산군 금성면 하류리 문미마을, 2013-10-20

금산에 있는 대부분의 마을처럼 문미마을(금성면 하류리)도 인삼 생산으로 특화되어 있었다. 1971년의 주택에서 볼 수 있듯이 이 고가의 특용작물은 이미 마을에 부를 가져다주었다. 오늘날 농부의 수는 줄어들었지만 그들은 여전히 인삼 재배를 지속적으로 잘해 나가고 있다.

006 진도의 바닷가 마을

전라남도 진도군 임회면 죽림리 헌복동, 1975-04-27

진도 남동쪽 끝에 있는 마을 헌복동(진도군 임회면 죽림리)은 단지 18가구만이 살고 있는 외딴 마을이었다. 주민들은 여름에는 마을 뒤 경사지 밭에서 농사를 짓고 겨울에는 마을 앞 바다에서 미역을 양식하며 살았다.

전라남도 진도군 임회면 죽림리 헌복동, 1993-09-30

그동안 상당수의 가구들이 마을을 떠났다. 여전히 마을을 지키고 있는 가구들은 주택을 현대화했으며 이제는 보다 대규모로 그리고 전문적으로 미역 양식을 한다. 농사는 자신들 먹을거리 정도만 짓는다.

경상북도 의성군 다인면 평림2동(현재의 평림2리) 죽림마을, 1976-07-20

경상북도 의성군 다인면 평림2리 죽림마을, 2006-09-30

서해안을 따라 형성된 대규모 범람원과 비교하면 낙동강 유역 북부의 구릉지에 발달한 농촌들은 자연조건이 좋은 편이 아니다. 이 지역의 농부들은 매우 정교한 관개 시스템을 발달시킴으로써 이러한 불이익을 극복하였다. 예를 들면 경북 의성군 비봉산 남쪽 경사면에 있는 죽림마을에서는 비봉산의 경사지를 흘러내리는 각각의 개울을 따라 정성스럽게 계단화되고 관개가 된 논들이 마을 위쪽으로 분포한다. 관개를 위해 물을 저장하고 있는 작은 저수지들이 많기 때문에 마을 농지의 2/3 이상이 논이다. 낙동강 유역의 유리한 기후로 인해 건조하거나 습한 경지 모두에서 이모작도 가능했다. 매우 활동적인 마을 지도자는 이미 1970년대 초에 새마을운동으로 제공된 기회를 충분히 이용하여 마을의 생활조건을 개선하였다.

008 울릉도의 도동항

경상북도 울릉군 울릉도 도동, 1971-08-08

1970년대 초 울릉도의 관문인 도동항은 대형 선박이 정박할 부두가 없었다. 포항에서 배편으로 오는 승객들은 작은 거룻배로 하선해야 했다.

경상북도 울릉군 울릉도 도동, 1971-08-08

경상북도 울릉군 울릉도 도동, 1971-08-09

009 조용한 아침

한국 농촌의 이른 아침은 매우 특별한 분위기를 풍겼다. 밤사이 논 위에 가라앉은 연무를 뚫고 천천히 해가 나오기 시작했다. 이웃 농가의 지붕 위로 솟은 목재 굴뚝에서는 아침 준비를 위해 지핀 불에서 나오는 연기의 첫 번째 얇은 막이 피어올라 천천히 연무와 섞였다. 여기저기서 들리는 수탉의 아침 울음소리 외에는 아무 소리도 들리지 않았다. 학교에 가려는 아이들이 갑자기 농가에서 튀어나와 적막을 깰 때까지, 모든 것이 평화로웠다.

충청남도 금산군 금성면 하류리 문미마을. 1971-09-22

010 새마을운동

충청남도 보령군 웅천읍(현 보령시 웅천읍), 1975-03-26

새마을운동은 분명 '농촌 빈곤의 미화를 위한 정부 주도 프로그램'(일부 외국 비평가들이 이렇게 부르기를 좋아함)
그 이상이었다. 한국의 농부들에게 낙후와 빈곤의 오랜 역사 속에서 처음으로 혁신과 근면, 협동이 자신들의 무리
를 개선하는 열쇠라는 것을 보여 주었다. 이를 통해 한국 사회에는 '하면 된다'라는 정신이 믿기 힘들 만큼 스며들
었다. 사진에서처럼 농부들은 마을을 흐르는 작은 하천의 제방을 안정화시키기 위해 농한기를 이용하여 집단적으
로 나무를 심었다. 이러한 일은 발아하는 씨앗을 상징화한 녹황색의 새마을 깃발 아래 행해졌다.

전라남도 진도군 임회면 죽림리, 1975-04-26

한국의 해안을 따라 그리고 수많은 섬에 산재한 작은 마을에 사는 사람들은 농지와 바다를 오가며 생계를 이어 간다. 여름에는 대개 밭에서 생계형 농부로서, 겨울에는 고기잡이를 하거나 혹은 현금을 벌어들일 수 있는 김, 미역 등을 양식하는 어부로서 살아간다. 사진은 농지과 바다 사이에 있는 전형적인 마을 모습이다. 마을의 배후에는 보리와 평지씨(유채)가 있는 밭이, 앞쪽에는 작은 어선과 건조를 위해 펼쳐 놓은 미역이 보인다.

012 미역 양식

전라남도 진도군 임회면 죽림리 헌복동, 1975-07-19

남해안의 얕은 만은 해초 양식을 위해 이용되었다. 엄격히 통제되는 특별한 수조에 식용 해초인 미역(*Undaria pin-natifida*)의 포자를 방출시켜 배양한다. 이렇게 배양한 종묘를 가느다란 줄을 넣어 채묘한 후, 이 줄을 만 안쪽에 설치한 보다 굵은 100미터 길이의 양식줄에 잘라서 끼워 넣는다. 이 미역줄은 점점이 떠 있는 흰색 부표에 의해 수온이 적당한 0.8~1.5미터 깊이의 바닷속에 자리를 잡게 된다.

전라남도 진도군 임회면 죽림리 헌복동. 1975-07-19

미역줄에서 자란 미역은 약 1.5미터 길이가 되면 수확을 한다. 수확된 미역은 세척을 한 다음 짚으로 만든 깔개 위에 펼쳐 노지에서 햇볕에 건조시킨다. 이러한 미역 양식은 대부분 남해안의 반농반어 주민들에 의해서 이루어졌고, 이들은 각자 대략 20개 정도의 생산 라인(미역줄)을 운영하였다.

도시 공간의 변화 – 서울 》》》

013   서울 - 명동

서울특별시 중구 명동, 1971-07-23

사진에서 볼 수 있듯이, 중심업무지구 바로 인근에 있는 쇼핑지구이자 식당가인 명동길은 특히 점심시간 동안에 인접한 오피스 빌딩에서 쏟아져 나온 사람들로 가득했다.

서울특별시 종로구, 1974-10-04

조선시대에 종로는 고위직 관리들이 거주하던 북쪽 지역과 장인, 공예가, 상인 들이 거주하는 남쪽 지역이 만나는 서울의 동서축이었으며, 특히 종각 주변은 고급 쇼핑지역이었다. 그러나 이 지역의 전통적인 단층 상점들은 일제 강점기에 일찍이 쇼윈도가 있는 근대적인 상업 빌딩으로 교체되었다.

015 서울 - 시청

서울시청, 1971-10-02

사진 속 건축물은 광복 이후부터 서울시 청사로 쓰이고 있던 건물이다. 이 건물은 1926년에 경성부 청사로 지어졌는데 디자인 측면에서 같은 시기의 도쿄 제국의회 의사당 건물과 닮았다.

2012년에 서울시는 이 건물 뒤편에 철강과 유리 구조로 된(반대가 없지는 않았지만) 초현대식 신청사로 이전하였다. 이제 이 옛 청사는 역사적 랜드마크로 보호되고 있으며 그 안에 공공도서관(서울도서관)이 설치되어 있다.

서울특별시 중구 순화동, 1971-07-24

1970년대 초 서울 도심의 서쪽 끝에서 남산을 배경으로 도심을 바라본 모습이다. 건너편 안쪽의 평안교회와 바로 옆의 공장, 뒤쪽의 빌딩 등 토지 이용이 상당히 복합적인 것을 볼 수 있다. 남산 위의 새로운 방송 송신탑(남산타워)은 건설이 거의 완료된 상태다.

017 서울 - 광화문

서울특별시 종로구, 1971-09-06

광화문 네거리 중부소방서 타워에서 세종로를 따라 북쪽 방향을 보면 광화문이 중앙청에 압도되고 있는 것이 보인다.

중앙청은 일제 강점기 조선총독부 건물로서 1916년부터 1926년 사이에 경복궁의 근정전 앞에 세워졌다. 경복궁의 남문인 광화문은 일제에 의해 경복궁의 동쪽 담장으로 이전되었다. 광복 후 광화문은 원래의 위치로 돌아왔지만, 대한민국은 총독부 건물을 중앙정부의 건물로 계속 사용하였다.

1970년대 중반 국회가 여의도의 거대한 건물로 이전한 후, 정부는 가능한 한 많은 정부기관들을 한강 남쪽으로 이전하기 시작했다. 1983년에 중앙청 건물은 비게 되었고, 대한민국 국립중앙박물관으로 리모델링되었다. 항상 원치 않은 식민지의 잔재로 기억되었던 이 건물은 1995년에 마침내 해체되었고, 조선시대에 주요 남북축을 지배하였던 경복궁은 그 옛날의 장엄함을 되찾았다.

서울 – 회기동의 근린 상점

서울특별시 동대문구 회기동, 1971-07-27

대부분의 근린 지역에는 일상용품을 판매하는 근린 상점이 집중되어 있는, 짧은 구간의 도로 혹은 도로의 모퉁이가 있었다. 그중에서도 회기동은 다른 곳보다 상업 활동이 조금 더 다양했다. 왜냐하면 상점들이 근처 경희대학교 학생들에게 서비스를 제공하고 있었기 때문이다.

서울특별시 종로구 삼청동길, 1971-09-06

1970년대 초, 경복궁의 동쪽 담장을 따라 나 있는 삼청동길의 건너편에는 여전히 예스러운 단층 기와집(한옥)들이 즐비했다. 조선시대에는 어떤 주택도 1층을 넘어설 수 없었다. 경복궁에서도 단지 근정전만이 2단의 지붕을 갖추었다. 대부분의 일반 주택은 초가지붕이었고, 조정에서 일하는 양반들의 주택은 검정 기와지붕이었다. 오늘날에는 대부분 현대적인 주택들로 대체되었지만, 당시 경복궁과 창덕궁 사이 안국동, 가회동, 계동, 삼청동 일대에는 약 1800여 채의 전통 주택들이 남아 있어 광범위하게 한옥보존지구로 지정되었다. 현재 이곳은 내국인과 외국인 관광객 모두를 끌어들이는 예술과 엔터테인먼트의 중심지가 되고 있다.

020 서울 – 판잣집부터 상류층 아파트까지

서울특별시 중구 신당3동, 1971-10-03

1950년대부터 1970년대까지 발생한 서울의 과잉도시화는 도시계획이 관여하는 것이 불가능할 정도로 주택 시장에 중압감을 불어넣었다. 서울로 밀려든 사람들은 이용 가능한 모든 공터, 공원, 강둑에 작은 판잣집을 지어 스스로 주거를 해결하였다. 나중에는 모든 산사면에, 그리고 종종 전차 종점 바로 너머에 보다 안정적이지만 여전히 불법적인 무허가 판잣집들이 들어섰다. 1970년대에 이러한 무허가 판잣집은 서울시 주택의 30%를 차지하였다.

서울특별시 중구 신당3동, 2000-09-02

그동안 무허가 판잣집을 없앤 것은 서울시 도시계획의 위대한 성공 스토리였다. 서울시는 많은 지역에서 이러한 취락들을 양성화하였으며, 상수도와 하수도 같은 도시 인프라를 설치하였다. 그 후 주민들은 자신들의 주거지구를 스스로 개선하였으며, 심지어 때로는 매우 비싼 주거지구로 변화시켰다. 어떤 곳은 사진 속 신당동의 경사지처럼 판잣집이 사라지고 고급 아파트로 대체되기도 하였다.

021 청계천 – 강의 죽음과 부활

서울특별시 종로구 황학동 청계7가, 1971-09-19

박정희 시대에 서울의 도심을 관통하는 청계천은 콘크리트로 덮여 도로로 사용되었다. 1968년에는 그 위에 5.6킬로미터의 삼일고가도로가 건설되었다. 한국전쟁 이후 청계천의 둑을 따라 갑자기 생겨났던 허름한 가건물(판잣집)들은 현대적인 아파트와 지붕이 있는 시장으로 대체되었다. 1970년대 청계천로는 빠르게 산업화되고 근대화되는 국가의 자부심이었다. 그러나 이 끊임없이 막히는 도로는 구도시의 중심을 두 부분으로 절단하였고 결국 발전에 장애가 되었다. 한편 이와 동시에 새로이 빠르게 발전하는 중심업무지구가 강남에 생겨났다.

2003년 당시 이명박 서울시장은 고가도로를 철거하고 청계천을 복원하는 사업을 시작하였다. 이것은 새로운 다리들과 복원된 역사적 다리들이 교차하는 개천을 따라 보행자 산책로가 있는 수변공원을 조성함으로써 서울의 다운타운을 재활성화시키려는 야심찬 계획이었다. 이 사업은 전통적 도심을 재활성화시키고 친환경적이고 문화역사적 유산을 고려하는 새로운 도시계획 패러다임의 성공 사례가 되었다.

022 서울 - 종로와 을지로 사이

종로구 관철동 삼일빌딩 옥상에서 동쪽을 바라본 모습, 1971-09-06

서울의 도심을 관통하는 하천인 청계천은 조선시대 서울의 시가지를 두 개의 독특한 사회적 지역, 즉 상류 계급(주로 조정에서 일하는 관리)이 거주하는 북쪽 지역과 하류 계급(장인 및 상인)이 거주하는 남쪽 지역으로 구분하는 역할을 하였다. 일제 강점기에 청계천 남쪽 지역의 거주민은 대부분 일본인 사업가로 대체되었는데, 이들은 이곳에 상점과 소규모 공장을 열었다. 이들은 청계천 북쪽의 상류 주택지구로도 접근하려고 했다.

023 서울 - 구도심 북동쪽의 시대가 다른 건물들

종로구 중학동 한국일보 사옥(현 트윈트리타워 자리) 옥상에서 수송동, 인사동 방향으로 바라본 모습, 1971-09-06

사진에서 바로 앞쪽을 보면 조계사 북쪽에 남아 있던 조선시대 한옥 단지가 보인다. 이 한옥 단지는 현재 철거되고 그 자리에 불교중앙박물관이 들어서 있다. 한옥 단지 너머로 한국 최초의 우체국인 우정총국의 한국식 지붕이 보이고, 그 반대편에 일제 강점기의 몇몇 다른 건물 사이에 제칠일안식일예수재림교회가 보인다. 이 지역의 전체 모습은 오른쪽의 대성빌딩 같은 고층 오피스 빌딩들에 의해 울타리가 쳐진 형태이다.

024 서울 – 하천 제방 위의 판자촌

서울특별시 도봉구 쌍문동, 1971–07–31

1950년대부터 1970년대까지 중랑천의 강둑을 따라 형성된 이와 같은 임시변통의 주택들(판자촌)은 과잉도시화의 전형적인 초기단계였다. 하천은 하수관 역할을 했지만 때로는 빨래터로 이용되었다. 이런 모습은 벌써 오래전에 사라지고 이제는 흔적조차 찾기 힘들다.

서울역, 1974-10-04

서울역은 한국에 있던 일본인들에 의하여 건설된 마지막 주요 철도역 중 하나이며 남대문 밖 500미터 지점에 건설되었다. 1922년에 착공되어 1925년 준공되었는데, 역사는 르네상스 양식의 1층을 비롯해 비잔틴 양식의 돔 등 절충주의 양식을 띠고 있다. 현재 이 건물은 2003년에 경부선 고속철도(KTX)의 종착역으로 건설된, 훨씬 더 거대한 초현대식 역사(驛舍)에 역사적 랜드마크로서 통합되었다.

남산타워에서 북동쪽으로 바라본 종로와 퇴계로 일대, 1981-09-25

서울특별시 종로구 광장시장. 1977-03-28

조선시대 한양에서 남대문과 동대문 안쪽 지역은 농촌 배후지의 상인과 도시 거주민이 상품을 교환하기 위해 직접 만나는 장소였다. 이러한 초기의 접촉 지점들은 광범위한 시장지역으로 발전하였다. 오늘날 동대문시장은 종로와 퇴계로 사이 중심업무지구에서부터 동대문과 그 너머까지 영역을 확장하였다. 이곳에는 사진의 중앙부에 늘어선 아케이드처럼 다층의 시장 건물과 좁은 도로를 따라 늘어선 수많은 작은 점포, 수천 개의 가판대가 있으며, 제공되는 제품에 따라 매우 전문화되고 클러스터화되어 있다. 시장의 상설 점포와 좌판뿐만 아니라 보도와 좁은 골목길도 이동 노점으로 가득 차 있다. 이들 시장에서는 먹거리, 의복, 한약, 가정용품, 가구, 건축자재, 기계, 자동차 스페어 부품 등 무엇이든 발견할 수 있다. 그러나 1980년대 이래 이들 시장은 대형 슈퍼마켓 형태의 새로운 소매업들과의 심각한 경쟁에 직면하고 있다.

027 서울 - 남쪽에서 본 중심업무지구

태평로를 따라 시청 앞 광장 방향의 모습, 1977-03-28

1970년대 은행, 기업의 본사, 백화점, 호텔, 레스토랑 등이 집중된 서울의 중심업무지구는 인근 유흥지구 명동을 포함하여 태평로, 남대문로, 을지로 사이의 지역을 차지하고 있었다. 이곳에는 일찍부터 태평로의 삼성 본관을 비롯해 시청 앞 광장의 서울프라자호텔과 같은 현대적인 고층 빌딩들이 들어섰다.

남대문시장을 가로질러 명동 방향의 모습. 1977-03-28

그동안 서울의 중심업무지구는 높이뿐만 아니라 면적에서도 확장을 하였다. 하지만 오늘날 철강과 유리로 건축된 초현대적인 오피스 타워들이 이 스카이라인을 압도하고 있다.

서울특별시 청계천1가, 1976-04

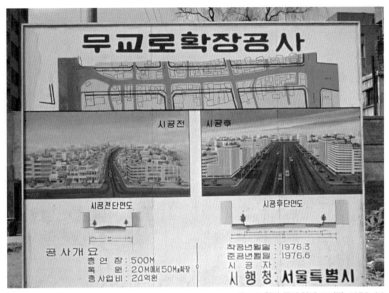

1970년대 중반 서울에서는 급속한 차량 증가로 인해 야기된 교통 혼잡을 완화하기 위하여 중심가의 많은 도로를 확장하였다.

사진에 보이는 청계천1가(무교로)는 20미터에서 50미터로 확장하는 공사가 진행 중이다. 도로를 따라 있던 상점들은 이미 철거되었고, 대신 그 안쪽의 향후 생겨날 보도와 면해 새로운 임시 상점들이 등장해 있다.

029 서울 – 남대문

서울특별시 중구 남대문, 1977–03–28

남대문(숭례문)은 1396년에 축조된 서울 도성의 정문으로, 1398년 4대문 중 가장 먼저 준공되었다. 하지만 자리를 잘 잡지 못해 1447년에 개축되었다. 남대문은 조선 초기 건축의 훌륭한 사례로서 국보 제1호로 지정되었다. 사진 촬영 31년 뒤인 2008년 방화로 일부가 소실되었지만, 이후 거의 원형에 가깝게 복원되었다.

서울특별시청 앞 광장, 1971-09-06

서울의 지하철 건설은 1971년에 시작되어 1974년 8월 15일 처음으로 1호선의 서울역과 청량리 구간이 개통되었다. 이 구간은 개착식 공법(지표면을 파고들어가 구조물을 설치하고 다시 메우는 방식)으로 건조되었는데, 이 공법은 터널 공법보다는 훨씬 저렴했지만 여러 해 동안 서울 중심가의 차량 교통을 방해하였다. 지금까지 서울의 지하철은 주변의 광역 대도시권까지 연결하는 9개의 노선(총연장 331.5킬로미터)으로 확상되었다. 연간 26억 1900만 명(2013년)을 수송하는 이 시스템은 세계에서 가장 크고 효율적인 지하철 시스템 중의 하나라고 여겨진다.

031 서울 - 봉천동

서울특별시 관악구 봉천동, 1975-12-14

1970년대 중반 봉천동 전체의 산 경사면에는 산꼭대기까지도 조밀하게 사람들이 거주하였다. 산등성이 부분에는 불법적으로 건축된 판잣집들이 꽉 들어차 있었다. 이후 이들 판잣집은 대규모 아파트단지를 위해 철거되었다.

서울특별시 종로구 무악동, 1976-03-03

서대문구 천연동에서 종로구 무악동 방향으로 본 모습이다. 의주로가 지나는 무악재 아래 인왕산 서쪽 경사면에 조밀하게 꽉 들어찬 주택들이 보인다.

033 서울 – 서대문형무소

서울특별시 서대문구 서대문형무소, 1976-03-03

1908년 문을 연 서대문형무소는 일제 강점기에 일본인들이 한국의 독립운동가들을 가두는 데 사용되었다. 1911년 김구 선생이 이곳에 투옥되었었고, 1919년 3.1만세운동 직후에는 죄수의 수가 거의 3000명으로 늘어났다. 이곳은 1987년까지도 한국 정부에 의해 감옥으로 사용되다가, 1998년에 이르러 투옥되었던 독립투사들을 기념하는 서대문형무소역사관으로 새롭게 문을 열었다.

서울특별시 중구, 1971-07-23

1971년에 시청 앞 광장의 동쪽 측면은 최상의 입지로서 이미 곡선으로 된 조선호텔을 비롯해 현대적인 은행과 호텔 빌딩들이 들어서 있었다. 그들 사이에 있는, 일제 강점기 동안에는 분명히 매우 인상적이었을 몇몇 건물들은 벌써 어느 정도 밀려난 것처럼 보인다. 지금 이 건물들은 오래전에 사라지고 없다.

035 서울 - 강남을 가로질러 본 모습

서울특별시 서초구 서초동, 1981-09-11

한강 이남 남부순환도로의 북쪽 지역은 1980년대 초에 주로 주택지구로서 우선 개발되었다. 1988년 남부순환도로의 남쪽 도로변에 예술의전당이 개관하고 북쪽에 남부버스터미널이 개장함으로써 이 지역은 강남의 부도심으로서 개발이 점점 가속화되었다.

64

서울특별시 영등포구, 1974-10-13

한강의 남쪽에 위치한 영등포(영등포구는 1963년 9월 1일에 경기도에서 서울로 편입됨)는 일제 강점기 동안 이미 서울의 교외 공업단지로 개발되었다. 맥주 제조, 벽돌 제조, 철도 부품 생산 등이 주요 산업이었다. 1970년대 중반 영등포의 중심가에서는 전형적인 일본식 2층짜리 상점(도로변에 위치하고 1층에는 상점이, 그 위에는 소유자의 주거가 있는 건물)을 여전히 찾아볼 수 있었다.

서울특별시 종로구 연건동 서울대학교 연건캠퍼스, 1971-07-24

1924년 일본의 조선총독부가 서울에 세운 경성제국대학은 광복 후 국립서울대학교가 발족되면서 여기에 통합되었다. 서울대학교는 1960~1970년대 급속한 교육의 보급으로 확장이 필요했으나 연건동의 옛 입지는 그 공간을 제공할 수 없었다. 1970년대 중반 서울대학교는 대부분의 학부를 서울의 남쪽 경계선인 관악산 아래 광활한 골프장 자리로 이전하였다. 그곳에는 새로운 현대적인 캠퍼스의 건설이 가능하고 앞으로도 수십 년 동안 확장할 수 있는 충분한 공간이 존재하였다.

서울특별시 관악구 신림동 서울대학교 관악캠퍼스, 1976-02-24

도시 공간의 변화 – 지방 》》》

O38 인천항

올림포스호텔에서 본 인천항, 1971-07-24

서울에 서비스를 제공하며 제물포라고 불리던 인천항은 조약에 따라 1883년 세 번째로 외국 선박에게 개방되었다. 하지만 인천항은 오랫동안 다른 항구들, 특히 부산항에 비해 발전이 뒤처졌는데 이는 항구로서의 자연적 조건이 매우 불리했기 때문이었다. 9.6미터에 달하는 조수간만의 차와 항구 앞의 광범위한 갯벌이 대형선박들의 접안을 방해하였다. 일제 강점기에 최초의 도크가 건설되었지만 도크로 이어지는 수로가 너무 얕아서 상황을 개선하지는 못했다. 그래서 높이가 큰 선박들은 수평선 부근에 정박해야 했고, 화물은 다시 작은 바지선에 실려 해안으로 운송되었다. 인천항은 1970년대 초가 되어서야 대형 선박들이 동시 접안할 수 있는 이중 갑문을 가진 현대적인 도크를 갖추고 크게 발전하게 되었다.

인천항, 1971-07-24

039 부산항

부산항, 1971-09-07

부산항, 2004-10-21

1876년에 제일 먼저 개항한 부산항은 일제 강점기 동안 한국의 관문으로서 발전하였다. 유리하게도 선박의 국제항로 가까이에 위치하고 있어서 여전히 한국의 가장 큰 항구로 남아 있다. 최근에는 부산-진해 신항만으로 줄곧 확대되고 있다.

040 금산 – 유명한 시장이 있는 작은 농촌의 읍

충청남도 금산군 금산읍, 1971-09-28

충청남도 금산군 금산읍, 2013-10-20

도시화와 탈농촌은 한국의 마을들뿐만 아니라 농촌 주민을 위한 중차 중심지로서의 역할을 하는 작은 읍에도 그 흔적을 남겼다. 그런 농촌 도시들 중 다수는 낙후되었고 대도시에서 일어나는 커다란 변화에 동참하지 못했다. 하지만 금산의 유명한 인삼시장처럼 특수한 기능을 가진 읍은 예외다. 이러한 전통시장은 오늘날 많은 관광객들을 끌어 모으고 읍의 경제적 중추를 이룬다.

041 진주 - 트랙터 공장

경상남도 진주시, 1976-05-24

남쪽에서 진주로 진입할 때 대동 트랙터 공장(대동공업)을 통과하였다. 이곳에서 한국 농업의 기계화를 이끌었던, 바퀴가 두 개 달린 트랙터(경운기)가 만들어졌다.

042 광주

전라남도 광주시(현재의 광주광역시), 1971-09-03

1971년 광주역에서 본 광주 도심의 모습이다.

043 포항

경상북도 포항시, 1971-08-16

1971년 포항시의 중심가 모습이다. 당시 포항은 여전히 규모가 작은 읍급 도시이자 어항이었다.

경상남도 충무시(현 통영시), 1977-03-31

남해안의 충무시는 근처 한산도에 이순신 장군의 주요 기지가 있었던 것과 관련하여 그의 시호를 따 명명된 도시였다. 충무시는 나전칠기로도 유명하다. 1995년에 충무시는 새로 형성된 통영시에 포함되었다.

045 수원

경기도 수원시, 1975-01-11

남쪽에서 바라본 팔달문, 1975-01-11

수원 성곽이 있는 팔달산 정상에서 내려다본 수원 중심가의 모습이다. 오른쪽 중앙에 팔달문(수원성의 남문)의 지붕이 보인다.

강원도 춘천시, 1971-08-17

북한강 중류에 자리한 춘천은 강원도의 중심 도시로서 주변 지역을 연결하는 버스들이 출발하는 곳이었다.

강원도 홍천군, 1971-08-24

강원도의 시골 읍인 홍천은 춘천과 원주 사이를 운행하는 버스의 중간 기착지였다.

도시화 〉〉〉〉

048 불과 10년 사이에 바뀐 마을 경관

1971-10-08

1975-04-01

서울의 서쪽 교외지역에 있는 수역이마을(현재는 경기도 부천시 오정구 원종동)은 경관 변화의 좋은 예이다. 1970년대 초 이곳은 초가지붕이 있는 전형적인 농촌 마을이었다. 1975년경 새마을운동으로 전통적인 초가지붕은 형형색색의 석면 슬레이트 혹은 기와로 바뀌었다. 1981년에는 대부분의 주택들이 새로운 도시형 주택으로 대체되었다. 하지만 이마저도 오늘날에는 대규모 아파트 단지 아래로 흔적 없이 사라졌다.

1981-09-20

049 김해평야의 변화

경상남도 김해군 가락면 죽림리(현 부산광역시 강서구 가락동).* 1971-09-08

* 가락면이 가락동으로 바뀌면서 죽림리도 죽림동으로 전환되었지만, 이는 법정동으로서 행정동인 가락동의 관리를 받는다.

경상남도 김해군 가락면 죽림리(현 부산광역시 강서구 가락동), 2004-10-22

30년 이상의 기간을 두고 가락동(과거 경상남도 김해군에 속해 있다가 현재는 부산광역시 강서구에 속함) 뒤쪽의 언덕에서 김해평야를 가로질러 북쪽을 바라보았다. 김해 방향으로 두드러진 경관의 변화가 보인다. 이제는 많은 논들이 채소를 생산하는 비닐하우스로 바뀌었고, 한때 예스러웠던 김해의 시골 읍은 높이 솟은 아파트 단지가 지배하는 북적거리는 도시가 되었다.

도시화

인천광역시 강화군 강화읍 강화도, 1975-03-21

인천광역시 남동구 구월동, 1988-03-13

1955년에 한국인의 3/4은 여전히 농촌에 살았고, 1/4은 5만 명 이상의 도시에 살았다. 1960년대와 1970년대의 급속한 산업화는 대규모의 도시화를 촉발시켜, 1990년경에는 이들 데이터가 거의 역전되는 현상(인구의 1/4만이 농촌에 남아 있고, 3/4은 도시에 거주함)을 가져왔다. 이러한 국내 이동의 최종 목적지는 대도시, 특히 서울이었고, 이 기간 서울의 인구는 160만 명에서 1060만 명으로 성장하였다. 이러한 이동은 초가지붕의 한적한 농가에서 인구가 조밀하게 들어찬 주택지구로, 더 나아가 고층아파트 단지로 생활환경이 완전히 바뀌는 것을 의미했다.

051 핵가족화

충청남도 금산군 금성면 하류리 문미마을, 1971-09-26

광범위한 도시화는 가족 구성의 변화로 이어졌다. 농촌의 전형적인 가족 형태였던 대가족(3세대 이상의 확장형 가족)에서 부부와 자녀들로만 이루어진 도시의 핵가족으로 가족의 형태가 바뀌어 갔다.

052 변화하는 주거지역

서울특별시 동대문구 이문동, 1975-11

경희대학교에서 바라본 이문동 주택 지역의 두 모습은 1970년대 초에 지어진 1세대 주택들이 20년 후인 1995년에는 모두 2세대 주택으로 바뀌었음을 보여 준다. 또한 그동안에 이들 주택은 오른쪽 사진의 중앙에 있는 것처럼 3세대 다층 연립주택으로도 이행하고 있었다. 주택의 짧은 수명은 서울과 같이 인구가 조밀한 메가시티에서는 토지가 그 위에 세운 건물보다 더 값어치가 있다는 증거다.

서울특별시 동대문구 이문동, 1995-10-27

053 도시의 확장

서울특별시 송파구 잠실동, 1977-03-28

1970년대 초 서울은 주로 한강의 남쪽으로 팽창하기 시작하였다. 이곳에는 주거지역으로 전환될 수 있는 방대한 농지가 여전히 남아 있었다. 사진은 밀려오는 아파트 단지들이 한때 도시의 농촌 배후지를 어떻게 집어삼켰는지를 학술적으로 보여 준다. 그러나 강남에서의 토지 공급은 근본적으로 한계가 있었다. 한국은 이미 1971년에 지역계획을 통해 서울과 12개 도시의 주위에 그린벨트를 확보함으로써 도시의 무질서한 확장을 제한했기 때문이다. 이들 그린벨트에서는 건축이 전적으로 금지되었다. 이러한 도시 억제 정책을 통해 도시계획가들은 급속하게 성장하는 대부분의 국가에서 나타나는 어반 스프롤 문제(도시의 무질서한 팽창으로 도시 인프라의 부담이 가중되고 오래된 구도심을 각종 사회문제를 가진 낙후지역으로 남김)를 효과적으로 차단하였다. 하지만 이 정책은 도시의 고밀도화와 개조를 초래하였다. 건축 토지의 공급을 인위적으로 억제함으로써 높은 지가 상승을 야기하여 그 땅에 저급 주택(판잣집)을 유지하는 것을 비경제적인 것으로 만들었기 때문이다.

054 일본식 상점이 늘어선 도시 풍경

전라북도 군산시, 1975-01-14

1975년의 군산에는 전형적인 일본식 상점들이 늘어선 도로가 있었다. 이들 상점은 벽이 목재로 이루어져 있고 아래층에는 상점, 그 위에는 소유자의 거주지가 있는 형태였다. 이런 상점은 1970년대에 촬영된 거의 모든 마을과 읍, 시에서 공통적으로 발견할 수 있는데 오늘날에는 대부분 사라졌다.

농·어업의 변화 〉〉〉〉

055 산지농업의 확대와 쇠퇴

강원도 평창군 방림면 계촌4리 뒷골, 1971-08-25

강원도 평창군 방림면 계촌4리 뒷골, 1971-08-25

오랜 세월 동안, 토지가 없는 농부들은 가파른 경사지에서 화전으로 생계를 유지하며 점점 더 높은 산간지역으로 이동하였다. 그들의 전통적인 재배 작물은 옥수수와 감자였다. 1970년대 초 이러한 개발은 정점을 이루었다.

이후 급속한 산업화로 도시에서의 고용 기회가 제공되면서 산지로부터 도시로 농업 인구가 대규모로 이동하기 시작하였다. 이러한 전환은 1974년의 조림법에 의해 가속화되었는데, 이 법이 20도 이상의 경사지에서는 경작을 금하였기 때문이다. 그 결과 산지에는 버려진 농가와 휴경지가 남게 되었다.

056 산지농업의 부활

강원도 평창군 도암면(현 대관령면) 피동령(안반덕), 2000-08-11

강원도 평창군 도암면(현 대관령면) 피동령 안반덕, 2000-08-11

산지의 경지가 버려지고 여러 해가 지난 다음, 농기업들이 이곳에 들어와 양배추, 무, 감자 또는 당근과 같은 수익성 좋은 현금성 작물을 대규모로 재배하기 시작하였다. 이들 작물은 고산 지대의 서늘한 여름 기후에서 특히 잘 자라는 작물들로, 지금은 이들을 재배하는 경작지가 산 전체의 경사면을 뒤덮고 있는 경우가 종종 있다. 매일 버스에 실려 이곳에 오는 일일노동자의 대부분은 과거 도시로 이주했던 농부들이다.

산지의 목초지 – 한국의 새로운 경관 요소

강원도 평창군 도암면(현 대관령면) 대관령삼양목장, 2000-08-11

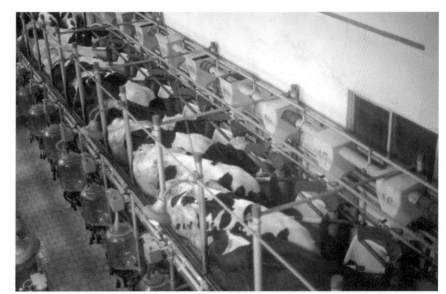

강원도 평창군 도암면(현 대관령면) 대관령삼양목장, 1992-08-12

대관령의 한국-뉴질랜드 시범목장으로부터 얻은 경험을 바탕으로 많은 과거의 산지 경작지가 가축을 위한 목초지로 전환되었다. 이들 목초지는 가파른 경사면에서도 침식에 대한 저항력이 상당하였다. 가장 큰 목장은 대관령 북쪽의 산지에 거대한 초지가 펼쳐져 있는 삼양목장이다.

경상남도 함양군 서상면 도천리, 1976-05-24

충청남도 금산군 금성면 하류리 문미마을, 1975-04-08

쌀은 한국의 주식 작물이고 따라서 한국의 농업 경관은 논이 지배적이었다. 조금이라도 평평하게 만들 수 있고 작은 둑으로 둘러싸 물을 가둘 수만 있다면 그 땅은 논으로 이용되었다. 1975년에 논은 모든 농업용 토지의 57%를 차지하였고, 특히 벼를 재배할 수 있는 땅이 다른 작물을 위해 사용된다는 것은 상상할 수조차 없었다.

한국에서 농사짓기는 벼농사를 중심으로 이루어졌다. 매년 봄 논에서는 쟁기질을 하고 물을 가득 채운 다음 마지막으로 써레질을 하여 모내기 준비를 마쳤다. 1970년대에 저동력 경운기가 축력(畜役)을 대체하기 시작했지만, 당시 이러한 작업은 여전히 황소를 이용해 이루어졌다.

059 벼농사 - 모내기

강원도 평창군 방림면 계촌리, 1976-05-10

경기도 김포군 오정면 원종리(현 부천시 원종동), 1975-05-14

5월 중순, 정성스럽게 모판(못자리)에서 길러진 모가 물을 흠뻑 담고 있는 논으로 이식되었다. 논을 가로질러 팽팽하게 당겨진 못줄에 달린 표식들이 각각의 모를 심을 자리를 정확하게 표시해 주었다. 모내기는 모두 수동으로 행해졌기 때문에 농부들에게는 엄청난 노동력이 요구되었다. 그래서 모든 이웃들이 힘을 합쳐 모내기를 했다.

충청남도 서천군 기산면 두북리, 1975-05-26

벼가 자라는 기간 동안에는 5일 간격으로 논에 물을 가득 채워야 한다. 그래서 가뭄이 들거나 관개수로의 수위가 너무 낮을 때에는 논에 물을 강제적으로 주입한다. 1970년대에도 사람이 작동하는 수차를 여전히 볼 수 있었다. 오늘날에는 모터 펌프를 이용해 물을 공급한다.

벼는 단일경작이기 때문에 균과 해충의 피해를 받기 쉽다. 따라서 벼가 자라는 동안 적어도 6번은 살충제를 살포하게 된다. 추가로 잡초도 제거해야 하는데, 오늘날에는 제초제가 사용되지만 1970년대에는 손으로 잡초를 뽑아내는 것이 일반적이었다.

061 벼농사 - 수확

경기도 김포군 오정면 원종리(현 부천시 원종동), 1974-10

10월 중순 논이 노랗게 변하면 벼를 수확할 때가 된 것이다. 1970년대에는 여전히 낫으로만 벼를 베었다. 베어 낸 벼이삭은 도리깨나 페달탈곡기(오른쪽 페이지의 보리 탈곡 사진에서처럼)로 탈곡을 했다. 이렇게 낟알로 만들어진 쌀은 손으로 까부는 키질을 이용해 불순물을 제거한 다음, 가마니에 담아 팔거나 혹은 개인적인 소비를 위해 저장하였다. 오늘날에는 이 모든 단계(수확, 타작, 키질, 쌀을 포대에 담는 작업)가 콤바인에 의하여 논에서 바로 일괄적으로 수행된다.

경기도 평택군 남사면 도장동(현 용인시 처인구 남사면 도장동), 1971-08-02

경상북도 울진군 원남면 금매리, 1995-10-11

062 벼농사 - 쌀 거래

경기도 김포군 오정면 원종리(현 부천시 원종동), 1974-12

박정희 정부는 농민들의 협력 시스템인 농업협동조합을 설립하고 국가의 쌀 거래를 담당하게 하였다. 조합은 농부들에게 높은 가격으로 쌀을 사들여 소비자들에게 낮은 가격으로 판매하였다. 이러한 '이중곡가제'는 정부가 농업 부문에 보조금을 지불하고 동시에 기초식품에 대한 가격을 안정적으로 유지하는 수단이었다. 그럼에도 불구하고 곡물 생산은 국민들을 먹여 살리기에 충분하지 않았다. 국내 소비 곡물의 약 절반을 수입해야 했고, 종종 미국의 잉여 곡물을 원조의 형태로 전달받았다. 이렇게 들어온 곡물은 한국의 음식 패턴에서 쌀 소비가 줄어들고 라면과 같은 다른 곡물 제품의 소비가 늘어나는 변화를 주도하였다.

경기도 김포군 오정면 원종리 수역이마을(현 부천시 원종동), 1971-10-08

경기도 김포군 오정면 원종리(현 부천시 원송동), 1974-12

063 비닐하우스 – 한국 농업 경관의 새로운 요소

경상남도 김해와 부산 사이, 1977-04-02

1960년대 후반, 연중 신선한 야채 공급을 원하는 미 공군기지의 수요로 인해 김해평야에서는 한국 농업 경관에 매우 가시적인 요소로 등장하게 될 새로운 형태의 재배가 촉발되었다. 이곳 농부들은 여름철 벼를 심었던 논에다가 겨울 채소(특히 토마토와 오이)를 재배함으로써 그 수요를 만족시켰다. 이들은 주로 대나무로 형태를 세우고 그 위에 비닐필름을 덮어 만든 터널 온실에서 채소를 재배했는데 유일한 난방은 햇빛이었다. 야간에는 낮 동안 모아 둔 온기가 빠져 나가지 않도록 비닐터널과 비닐하우스 위에 거적을 덮었다.

경상북도 성주군 성주읍 금산2리, 1993-10-04

교통망의 개선과 확장, 특히 1970년대의 경부고속도로 개통으로 인구의 중심지인 서울은 겨울철 비닐하우스에서
재배된 채소들의 새로운 시장이 되었다. 동시에 이러한 혁신은 새 고속도로들을 근간으로 다른 지역으로 확산되어
나갔다. 소비자들의 소득 증대도 채소와 과일의 연중 공급에 대한 수요를 증가시켰다. 농부들은 이러한 수요를 만
족시키기 위하여 벼 재배에만 전념했던 논을 포기하고 본격적인 비닐하우스 영농으로 방향을 전환하였다.

064 이모작

전라남도 광산군 비아면 신창리 반촌마을(현 광주광역시 광산구 비아동), 1976-01-12

한국의 남부와 남동부 지역은 기후적으로 유리한 조건들 덕분에 논에서의 이모작이 가능하다. 이모작은 낙동강 유역과 남해안 일대 그리고 영산강 평야에서 널리 퍼진 농업 방식이다. 이들 지역에서는 논의 50~70%가 겨울보리를 제2 작물로 재배하는 데 쓰였다. 농부들은 보통 가을에 벼 수확이 끝난 직후 논의 물을 빼고 쟁기질을 한 다음 보리 씨앗을 심었다. 보리는 가을에 다른 작물보다 먼저 싹을 틔우고 겨울에 휴식을 취한 다음, 봄에 기온이 오르자마자 성장을 계속한다.

전라남도 광산군 비아면 신창리 반촌마을(현 광주광역시 광산구 비아동), 1975-06-03

이들 보리는 5월 하순부터 노랗게 변하여 6월 초면 수확 시기가 된다. 보리 파종이 이루어지지 않은 작은 구획의 토지들은 보리가 무르익을 동안 벼를 위한 모판으로 이용되었다. 유리한 기후 조건과는 별도로 이러한 이모작에는 논에 물을 대고 빼는 것을 번갈아 할 수 있는 관개 시스템이 필요하였다.

065 인삼 재배가 지배적인 경관

충청남도 금산군, 1975-09-21

경기도 강화군 불은면 신현리(현 인천광역시 강화군 불은면 신현리),
1975-06-28

한국의 식물 중 가장 유명한 것은 동아시아 전역에서 약용식물로 높게 평가되는 인삼이다. 피로 회복과 장수에 효능이 있으며 관련 설화도 많이 발달하였다. 인삼은 드물게 야생으로 발견되기도 하지만 한국에서는 수 세기 동안 재배되어 왔다. 고대의 믿음에 따르면 인삼은 전통적인 재배지역 두 곳에서 자라야만 강한 치유력을 소유한다. 한 곳은 개성(북한) 일대로, 남한에서는 김포반도와 강화도 지역이 여기에 속한다. 다른 한 곳은 대전 남쪽의 금산 분지이다.

인삼은 그늘을 좋아하는 식물이기 때문에 길고 좁은 호밀짚으로 지붕이 덮여 있는 햇볕 가리개 밑에서 재배되는데, 이러한 요소들이 인삼 재배 경관에 특수한 외형을 제공한다. 식물의 뿌리는 2년에서 4년 후에 수확이 되고, 백삼으로 만들기 위해 건조시키거나 매우 비싼 홍삼으로 만들기 위해 가공한다. 한 번 인삼을 수확한 밭에서 인삼을 다시 재배하기 위해서는 10년의 지력 회복 기간이 필요했기 때문에 인삼 재배지역의 확장은 제한적이었다. 하지만 1970년대 수요가 늘어나면서 인삼 재배는 거의 남한 전체로 확대되었다. 이 과정에서 그늘지붕은 그물 모양의 검정 혹은 파랑 플라스틱 재질로 바뀌었고, 이는 지역 농업 경관의 새로운 요소가 되고 있다.

경기도 김포군 오정면 원종리(현 부천시 원종동), 1975-05-14

전라남도 장흥군, 1993-10-01

한국에서는 농사짓는 데 있어 모내기와 수확 같은 극한의 노동은 전통적으로 이웃들 간의 상호협력으로 해결해 왔다. 이들은 일을 하는 중간에 들판에 둘러앉아 새참을 먹고는 했다. 그러나 도시화와 함께 농촌에서는 일손이 부족해졌고, 농부들은 점차 인간의 노동을 기계로 대체해 갔다.

067 차 재배 경관

전라남도 보성군 보성읍 삼산마을 남쪽, 2004-10-20

중국, 일본과 달리 한국은 차를 즐겨 마시는 나라가 아니었다. 한국인들은 볶은 보리 한 줌을 넣고 끓인 보리차를 선호했다. 중국 당나라가 아름다운 한국 종이에 대한 보답으로 차의 씨앗을 보내 와 828년에 지리산 지역에 심은 이후 재배가 시작되었다고 한다. 차는 양반계급이 선호하는 음료가 되었지만 약 500년 후에는 마시지 않게 되었는데 그 이유는 알 수 없다. 그동안 차 재배는 불교 승려들의 보호하에 지리산 주변과 보성 등지에서 명맥을 유지하였다. 최근 이들 차 재배지는 관광지가 되었고, 차 문화는 특히 대학생들과 젊은 지성인들에게 인기를 얻었다.

1975-03-21

1975년 강화도 서해안에서 촬영한 작은 고깃배다. 오늘날 한국에서는 이러한 어선을 더 이상 찾아볼 수 없다.

염전 – 바닷물로부터 소금 추출하기

전라남도 진도군 고군면 벽파리, 1975-04-28

한국은 암염이 없기 때문에 해수로부터 소금을 추출하는 일은 남해안과 서해
안 전역에서 중요한 산업이었다. 바닷물을 햇빛과 바람으로 증발시키기 위해
논처럼 만든 얕은 증발지로 퍼 올렸고, 바닷물이 증발되면서 그곳에 소금 성
분이 축적되어 갔다. 이러한 염수는 소금이 결정화되어서 수확할 수 있을 때
까지 계속 다른 증발지로 재저장되었다.

소금을 만드는 일은 매우 고되고 지루한 과정이었기 때문에 현재 이들 염전의
대부분은 사라지거나 혹은 새우 양식을 위한 연못으로 전환되었다.

상공업의 변화 》》》

070 종이 만들기

서울, 1977-04-07

수백 년 동안 한국은 고품질의 종이(한지)를 생산하는 것으로 유명하였다. 이 정교한 한지는 종종 중국 황제에게 보내는 연례 선물 중 하나였다. 한지에는 그림과 서예, 책 저술이나 인쇄를 위해 쓰이는 백지, 전통 가옥의 문이나 유리 대신에 사용되는 창호지, 온돌의 바닥재로 쓰이는 튼튼한 노란색 장판지 등 수많은 종류가 있다. 그러나 이제 손으로 종이를 만드는 일은 사라지는 예술이 되었다.

071 손으로 면 만들기

넓게 뻗은 손 사이에서 면을 흔들어 가늘고 길게 만든 후 말리는 모습이다. 이렇게 면을 만드는 장면을 이제는 거의 볼 수 없다.

072 목재에서 철강으로

강화도, 1975-02-23

한국인들은 오래전부터 배를 만들어 왔고, 심지어 임진왜란 말에는 일본 함대를 패퇴시켰던 최초의 장갑선 '거북선'을 건조하기도 했다. 지금은 사라지고 없지만 1970년대까지만 해도 해안을 따라 목재 어선을 제작하고 수리하는 소규모 조선소들이 산재하였다. 그 시기에 현대적인 초대형 유조선을 건조하는 조선소도 설립되었다. 특히 울산의 현대중공업과 옥포(거제)의 대우조선해양은 한국을 국제적인 조선산업의 선두에 올려놓았다.

073 산업화 - 1단계

대구광역시 북쪽의 섬유산업 공장, 1976-03-23

경상남도 합천군 가야면 구원리, 1977-04-04

1961년 군사 쿠데타와 제3공화국의 성립 이후, 박정희 대통령은 한국의 급속한 경제적 성장의 기반이 된 적극적인 수출 산업화 정책을 시작하였다. 첫번째 수출 드라이브는 섬유, 의류, 세라믹 등과 같이 이미 한국에 산업이 있었던 경공업 소비재에 집중되었다. 주로 국내 시장을 위해 생산하였고 따라서 인구 밀집 지역(서울, 부산, 대구)에 집중되어 있던 이들 산업은 수출 시장을 위해 크게 확대되었지만, 그 입지는 계속 유지되었다.

074 산업화 - 2단계

경상북도 포항시 포스코(POSCO) 제철소, 2006-10-03

전라남도 여수시 호남정유 공장, 1993-10-02

1973년경 한국은 철강, 기초 화학약품, 시멘트 등과 같은 중공업 제품들을 생산하기 시작하였다. 이들 새로운 공장은 처음에는 국내 시장 공급을 위해 그리고 수출되는 경공업 소비재들을 위한 중간재 공급을 위해 세워졌는데, 곧바로 수출을 시작함으로써 한국 수출의 두 번째 버팀목이 되었다. 대부분의 원자재는 수입을 해야 했기 때문에 이들 공장은 선박의 국제항로와 가까운 곳에 위치하였다. 남동해안을 따라 포항(철강)에서부터 울산, 부산, 마산을 지나 여수(석유화학)까지 걸쳐 있는 남동연안공업지대가 그곳이다.

075 산업화 - 3단계

경상남도 마산시(현 통합 창원시에 속함), 1981-07-29

1982년경 한국에서는 산업화 3단계가 시작되었다. 자본재, 기계, 차량 및 고급 가전제품을 생산하기 시작했고, 불과 몇 년 지나지 않아 수출이 시작되었다. 균형적인 지역 발전을 위하여 새로운 공장들은 나라 전체에 보다 고르게 입지하였다.

경기도 광명시 소하리(현 소아동) 기아자동차 공장, 1994-08-09

3단계로의 성공적인 이행과 함께, 한국은 25년도 채 걸리지 않아 산업화된 국가를 특징짓는 모든 산업화 단계를 거친 국가가 되었다. 이와 같은 농업국에서 신흥산업국으로의 빠른 발전은 1996년에 OECD(경제협력개발기구) 가입이라는 결실을 가져왔다.

경기도 평택군 남사면 내기동(현 용인시 처인구 남사면), 1971-08-02

서울특별시 송파구 롯데월드, 2001-09-12

마을의 구멍가게는 담배 한 갑, 비누 한 조각, 소주 한 병을 위해 가는 장소만은 아니다. 이웃을 만나고, 잡담을 나누고, 마을의 최신 소식을 듣고 오는 장소다. 서울의 롯데월드와 같은 새로운 쇼핑몰도 이와 유사하다. 쇼핑몰에서 친구들을 만나거나, 레스토랑에 가거나, 심지어 아이스링크를 함께 돌기도 한다. 이것은 쇼핑을 넘어 사회적 교제이고 엔터테인먼트다. 전통적인 마을 상점과 현대 쇼핑몰이 동일한 목적에 기여하는 것이다. 이 둘의 차이는 지난 수십 년간 농촌에서 도시로, 가난에서 부유함으로 바뀌는 한국 사회의 발전 모습을 보여 줄 뿐이다.

077 오일장

경상남도 김해군(현 김해시), 1971-09-12

한국의 농촌은 각 면의 경제 중심지에서 5일마다 개최되는 정기시장(오일장)의 네트워크로 얽혀 있었다. 장시가 열리는 곳은 보통 면 소재지이고 면에서 유일하게 고정된 상점을 보유한 장소였다. 오일장에서는 면의 각 마을에서 걸어온 농부들이 전통에 따라 성별로 모여 있는 모습을 볼 수 있었다. 농부들은 이곳에서 가져온 물건을 팔고 집과 농사에 필요한 물건을 구입했다. 이러한 경제적 기능 외에도 오일장은 사회적 교제에 중요한 역할을 했다. 이곳에서 이웃을 만나고 최신 소문을 듣기도 하는데, 그 소문은 이미 4일 동안 다른 장시를 돌고 온 상인들이 가져온 것이었다. 지금은 교통망의 개선과 차량 소유의 증가로 이들 농촌 시장의 중요성이 매우 낮아졌다.

경상북도 상주군(현 상주시), 1976-07-22

전체 농촌에 걸쳐 있는 정기시장의 네트워크 이외에도 한국에는 금산의 인삼시장과 상주의 가축시장 같은 특화된 시장들이 있었다. 이러한 시장은 전국적으로 널리 알려져 있고 서비스를 제공하는 지역도 매우 넓다.

교통의 변화 〉〉〉〉

진도의 돛단배

전라남도 진도군, 1976-07-11

1970년대까지만 해도 화물을 운송하기 위해 남해안과 서해안 그리고 섬들 사이의 바다를 정기적으로 지나다니는 돛단배를 볼 수 있었다.

강원도 산간지역의 비포장도로

강원도 평창군, 1975-08-07

1975년 당시 평창 읍내와 방림면 방림리를 연결하는 길은 전형적인 비포장도로였다.

081 도로망의 개선

금산에서 대전으로 가는 도로, 1971-09-28

1965년에는 국도의 10% 미만과 지방도의 1%만이 포장도로였다. 거의 전체인 비포장도로는 마취시킨 돼지를 자전거 짐받이에 싣고 가까운 시골장까지 운반하기에는 좋았지만, 급속한 산업화로 새로운 공업지역과 수출항 사이에 훌륭한 교통 연결이 필수적이었던 상황에서는 개선이 매우 시급했다. 한국 정부는 기존 국도를 개선하고 포장하는 일과 병행하여 고속도로를 건설하기 시작했다. 1970년에 서울과 부산을 연결하는 최초의 고속도로인 경부고속도로가 개통되었다. 1975년에는 호남고속도로(대전~순천), 남해고속도로(순천~부산), 영동-동해고속도로(수원~강릉~동해) 등 새로운 고속도로 시스템의 주요 간선들이 모두 가동되었다.

김해평야, 1976-05-23

추풍령휴게소 부근 경부고속도로, 1981-07-26

육지와 연결되는 섬들

전라남도 목포시, 영산강 하구를 가로지르는 페리, 1975-07-14

1970년대에는 서해와 남해로 흘러 들어가는 대형 하천들의 강어귀뿐만 아니라 남해도와 진도 같은 큰 섬과 육지 사이의 해협들도 오직 배로만 건널 수 있었다.

전라남도 진도군 진도대교, 2005-10-22

그동안 이들 강어귀와 해협 등에 많은 다리가 세워져 이제는 사람과 차들이 그 위를 오가고 있다. 종종 진도대교와 같은 멋진 다리들도 볼 수 있다.

083 남해안 지역을 연결하는 2번 국도

전라남도 장흥과 보성 사이의 2번 국도, 1975-07-20

1970년대 초까지 2번 국도는 남해안을 따라 목포와 부산을 연결하는 유일한 도로였다. 일부(부산~순천)는 이미 고속도로로 개통되었지만 나머지는 여전히 포장이 되지 않은 상태 그대로였다. 사진 속 도로는 2번 국도의 장흥과 보성 사이 구간으로, 시속 25킬로미터 이상의 속도를 내기가 어려운 모습이다. 오늘날 이 도로는 왕복 4차선의 잘 포장된 고속도로가 되었고, 수많은 과속 단속 카메라가 차의 속도를 감시하고 있다.

084 산맥을 가로지르는 고속도로

강원도 평창군 도암면(현 대관령면) 횡계리 서쪽 영동고속도로 건설 현장, 1975-08-10

1975년 수원과 강릉을 잇는 영동고속도로가 완공되었다. 비록 왕복 2차선에 불과했지만 중요한 도로 연결이었다. 한반도의 척추인 태백산맥을 가로지르는 첫 번째 포장도로였기 때문이다. 영동고속도로는 동해안 지역을 서쪽의 큰 시장에 근접시켜 주었고 수도권의 주민들이 산지와 해안을 이용할 수 있도록 길을 열어 주었다.

나는 한국 고속도로에서의 드라이브를 즐긴다. 아름다운 경관을 배경으로 완만하게 회전하는 도로는 운전하기에 편안하다. 그런데 달리다 보면 길 아래로는 그동안 포장은 되었지만 여전히 굽이도는 옛 국도가, 길 위로는 직선에 가까운 고속도로가 녹색의 산 사면을 잘라 내고 남긴 주황색의 상흔이 눈에 들어온다. 이들을 보며 나는 고속도로 때문에 많은 한국의 귀중한 경관을 희생시킨 것이 정말 필요했는지 생각하곤 한다. 고속도로를 신설하는 대신 같은 땅 위에 대대로 이어져 온 기존 도로를 확장하는 것이 낫지 않았을까?

서울특별시 종로구 동대문 고속버스터미널, 1971-07-27

서울특별시 강남구 반포동(현 서초구 반포동) 서울고속버스터미널, 1981-08-28

강남에 서울고속버스터미널이 세워지기 전, 서울 전역에는 몇 개의 장거리 시외버스터미널이 산재하면서 각각 특정 지역을 서비스하고 있었다. 예를 들면 동대문 고속버스터미널은 강원도를 오가는 버스를 위한 터미널로 이용되었다. 이들 오래된 장거리 시외버스터미널에서 출발하는 버스들은 목적지로 가기 위해 서울을 빠져나가는 동안 도시 내부의 교통체증에 한참 동안 시달리곤 했다. 반면에 강남의 새로운 고속버스터미널은 경부고속도로와 직접적으로 연결되었고, 나중에는 3개의 지하철 노선과도 연결되었다.

문화 〉〉〉〉

086 무당굿 – 고대 한국의 전통

전라북도 부안군의 남쪽 마을, 1975-05-11

1975년 부안의 남쪽 시골 마을에서 벌어진 무당굿에는 마을 주민 모두가 참여하였다. 정오경 몇몇 경찰이 도착하더니 이들에게 "미신을 중단하라"고 요구하고 새마을운동을 주창하였다. 경찰이 떠난 후 의식은 계속되었다.

오른쪽 사진은 30년 뒤 촬영한 것으로, 임진왜란 중인 1597년 결정적 해전이 벌어졌던 장소(진도 울돌목)에서 무당굿을 하는 모습이다. 오늘날 한국에서는 이러한 형태의 고대 샤머니즘이 무형문화재로 보호, 장려되고 있다.

전라남도 진도군 진도대교 부근, 2005-10-22

087 통도사 가는 길

경상남도 양산시 하북면 통도사, 2013-10-24

'겨울 바람에 춤을 추는 소나무 숲'을 걸어 들어가다 보면 한국 불교의 3대 사찰 중 하나인 통도사를 방문할 마음의
준비가 된다.

088 죽은 이에게 친숙한 장소를 거쳐 가는 장례 전통

경상북도 고령군, 1976-04-17

1976년 경북 고령군 북쪽에 있는 어느 마을의 장례 행렬이다. 죽은 이가 평소 자주 가거나 보던 장소를 거쳐서 무덤으로 가도록 하는 장례 전통은 이제 거의 사라졌다.

089 겨울의 즐거움

전라남도 광산군 비아면 신창리 반촌마을(현 광주광역시 광산구 비아동), 1976-01-13

강원도 평창군 도암면(현 대관령면) 용평리조트, 1976-02-08

시골 아이들이 마을 앞의 얼어붙은 논에서 집에서 만든 스케이트(썰매)를 가지고 즐기는 동안에 젊은 도시인들은 한국 최초의 스키 리조트 용평에서 새로운 스포츠를 즐기기 시작했다.

서울특별시 서대문구 홍은동시장, 1974-09-29

경상북도 포항시 북구 청하면 청진리, 1996-07-31

한국인들은 겨울철을 대비해 음식을 보전하는 데 놀라울 만큼 다양한 방법을 개발하였다. 가장 잘 알려진 것은 한국의 거의 모든 식사에서 제공되는 김치다. 김치는 커다란 진흙 항아리에서 발효되는 채소(주로 배추)다. 김장철의 시작과 함께 매년 가을 도시의 시장은 배추 더미들로 넘쳐 나고 주부들은 겨우내 먹을 김치를 준비하느라 분주하다. 서리로부터 김치를 보호하기 위하여 항아리들을 땅속에 묻는데, 지금도 고층 아파트에서 김치 항아리나 김치 냉장고를 발견할 수 있다. 하지만 이제 많은 도시인들은 슈퍼마켓 등에서 구입할 수 있는, 공장에서 만든 김치에 의존한다.

전라남도 광산군 비아면 신창리 반촌마을(현 광주광역시 광산구 비아동), 1971-09-01

충청남도 서천군 기산면 신산리, 1976-01-08

콩은 농업 경관에서 중요한 요소였다. 건조한 밭의 상당 부분을 콩이 차지하였고 종종 논 사이의 작은 둑에서도 재배되었다. 또한 콩은 고기가 부족한 한국 식단에 필수적인 단백질을 제공하였다.

겨울 동안 콩을 보전하는 방식으로 잘 알려진 것은 삶은 콩을 절구통에서 분쇄한 후 콩블록(메주)으로 만들어 건조시키는 것이다. 메주는 새끼줄로 묶어서 가옥의 해가 잘 드는 벽에 매달아 발효시키는데 나중에 된장이나 간장을 만들기 위해 잘게 부수기도 한다.

강원도 평창군 도암면(현 대관령면) 횡계리, 1976-02-07

강원도 평창군 도암면(현 대관령면) 횡계리, 1974-12-19

매년 겨울 동해안에 도착한 대량의 명태는 대관령을 가로질러 횡계의 분지로 운반된다. 계곡의 맑은 물로 세척된 명태는 나무로된 선반에 매달려 고산 분지(해발 800미터)의 차가운 겨울 공기에서 동결 건조된다. 매년 겨울 휴경지에 설치된 이들 나무 선반은 횡계 주변의 특이한 경관 요소를 형성한다.

자연환경 〉〉〉〉

093 울릉도 - 나리 분지

경상북도 울릉군 북면 나리, 1971–08–10

경상북도 울릉군 북면 나리, 1971-08-10

지질학적으로 말하자면, 나리 분지는 화산섬인 울릉도의 북쪽 절반을 점유하고 있는 칼데라이다. 이 분지의 토양에서는 옥수수와 감자가 주로 경작되었다. 19세기 중반 경상도 주민에 의해 섬이 최초로 개척된 이래, 나리 분지에 자리를 잡은 소수 농가의 생활은 그대로 정체되어 있는 듯했다.

094 마이산

전라북도 진안군 마이산, 1976-09-24

전라북도 진안군 마이산 탑사, 1976-09-24

진안군의 남쪽에 있는 독특한 형상의 산봉우리 두 개는 말의 귀를 생각나게 한다. 그래서 이름이 '말 귀의 산(마이산)'이다. 20세기 초 이곳은 은둔 수도자 이갑용을 끌어들였다. 그는 이곳에서 어떠한 회반죽도 사용하지 않고 솜씨 있게 돌탑을 쌓으면서 생애를 보냈다. 돌탑들 중 어떤 것은 10미터가 넘기도 하였다. 이들 돌탑 무리는 하나의 종교적 장소가 되어 후에 탑사라고 불리게 되었는데, 아마 한국에서 가장 기이한 불교 사찰일 것이다.

강원도 양구군 남면, 1975-11-07

강원도 인제군과 양양군 사이의 한계령, 1975-11-07

강원도 북부의 산들은 바위투성이에 황량했다. 몇몇 도로만이 산지를 가로지르고 있었다. 양구에서 한계령을 넘어 동해안의 양양으로 연결된 도로에서 보듯이, 이들 도로는 포장이 되지 않았고 매우 구불구불했다. 따라서 이곳은 운전자와 차량에게는 일종의 도전이었으며 그나마 마주치는 차들도 대부분 군용차량이었다.

096 지리산

태백산맥에서 가지를 뻗어 낙동강 유역을 둘러싸는 소백산맥은 남해안으로 떨어지기 약 50킬로미터 전, 해발 1915미터의 지리산 정상에서 정점을 찍는다.

지리산은 세 개 식생의 수직 분포가 확연히 드러나는 풍부한 자연림으로 덮여 있는 산이다. 해발 900미터까지는 적송, 900미터에서 1400미터까지는 일반적인 참나무, 1400미터 이상에서는 한국전나무(구상나무)가 주를 이룬다. 그동안 사찰들의 보호를 받던 이들 삼림은 이제 지리산국립공원으로 지정되어 보전되고 있다.

경상남도 산청군의 남부, 1976-05-24

서울특별시, 북한산국립공원 도봉산에서 본 북한산 인수봉, 1971-10-09

북한산국립공원 인수봉, 1993-10-06

북한산국립공원을 이루는 북한산과 도봉산은 서울 분지의 북쪽 울타리를 형성한다. 많은 화강암 봉우리들이 종 모양으로 노출되어 있어, 암벽 등반가들에게는 엘도라도(El Dorado)와 같은 곳이다. 수도권에 거주하는 2000만 명의 주민들이 지하철로 도달할 수 있으며, 주말에는 종종 초만원이 된다. 그러나 공원 행정당국은 조밀하게 얽힌 등산로를 훌륭히 관리함으로써 그 많은 인원을 수용하고 있다.

O98 삼림 파괴와 침식

충청남도 금산군 금성면 하류리(현 파초리) 장목골, 1975-09-23

경상북도 의성군 다인면, 1976-03-08

1971년 처음으로 한국에 왔을 때, 나는 한국이 황량한 나라라는 인상을 받았다. 대부분의 산 경사지는 잡목으로만 덮여 있었고, 심지어 그마저도 장작과 가축의 사료로 쓰기 위해 벌목되어 헐벗은 모습이었다. 그 결과로 산비탈에는 심한 침식의 상처가 남아 있었는데, 이렇게 산으로부터 씻겨 내려간 토양이 하천을 막고 심각한 홍수를 야기하는 것은 놀랍지도 않았다.

099 재조림

서울과 파주 간 도로변, 1975-03-30

경상북도 고령 부근, 식목일 모습, 1977-04-05

1970년대 삼림의 파괴를 막고 헐벗은 구릉지를 재조림하려는 노력이 본격적으로 시작되었다. 이 계획의 성공에는 여러 가지 해결해야 할 것들이 있었는데 화전(火田)의 관행을 없애고, 농촌지역에 요리와 난방을 위한 대안 에너지를 도입하는 것이었다. 하지만 무엇보다도 중요한 것은 삼림에 대한 주민들의 태도를 변화시키는 것이었다. 이러한 목적을 위해 한국 정부는 4월 5일을 휴일로 정하고 나무 심기 활동에 참여하는 공적인 날(식목일)로 선언하였다. 한국의 산은 다시 푸르러졌고, 이 모든 조치가 성공적이었음을 입증하였다. 오늘날 산들은 잘 관리된 삼림으로 덮여 있고 침식은 거의 중단되었다.

충청남도 천안의 남쪽, 1975-05-11

100 설악산국립공원의 울산바위

강원도 설악산국립공원 울산바위, 1976-04-07

1960~1970년대의 급속한 인구 성장과 산업화로 한국의 자연환경에 대한 개발 압력은 계속 커져 갔다. 다행스럽게도 이에 대응하여 정부는 늘어나는 도시 인구에게는 여유를 주고 미래 세대에게는 아름다운 자연을 물려주기 위해 한국의 빼어난 경관 중 일부를 국립공원으로 확보하였다. 사진은 한복을 입은 할머니가 국립공원인 설악산 중턱에서 자녀와 손주들이 울산바위를 올라갔다 내려오기를 기다리고 있는 모습이다.

독일 지리학자가 담은 한국의 도시화와 풍경

초판 1쇄 발행   2018년 11월 26일

지은이   에카르트 데게

옮긴이   김상빈

펴낸이   김선기
펴낸곳   (주)푸른길

출판등록   1996년 4월 12일 제16-1292호

주소   (08377) 서울특별시 구로구 디지털로 33길 48 대륭포스트타워 7차 1008호

전화   02-523-2907, 6942-9570~2

팩스   02-523-2951

이메일   purungilbook@naver.com

홈페이지   www.purungil.co.kr

ISBN   978-89-6291-473-3 03980